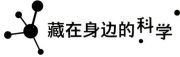
藏在身边的科学

告诉我为什么船能浮在水面上?

[英]雪莉·威利斯/著 吕莹/译

中国出版集团　现代出版社

作者简介

[英]雪莉·威利斯

儿童读物插画师、设计师、编辑。

内容顾问

[英]皮特·拉弗蒂

曾任中学教师。1985年后开始从事科普读物创作,编辑出版了多部科学类百科全书和词典。

阅读顾问

[英]贝蒂·鲁特

英国雷丁大学阅读和语言信息中心主任,参与编写了多部儿童读物。

目录

物体会上浮还是下沉？	6
漂浮在水面上的物体是大还是小呢？	8
我可以漂浮在水面上吗？	10
为什么物体会漂浮在水面上呢？	12
为什么石头会沉到水底呢？	14
为什么浴缸中的水会溢出来呢？	16
冰山会上浮还是下沉呢？	18
石头会沉底，为什么船却能漂浮在水面上呢？	20
物体的形状很重要吗？	22
为什么船会沉底呢？	24
什么物体既能上浮又能下沉呢？	26
潜水艇的工作原理是什么？	28
词语解释	30

小朋友看到这个图标的时候，记得要请家长帮忙哦！

物体会上浮还是下沉？

有一些物体能漂浮在水面上。
有一些物体会沉入水底。
有一些物体漂浮在水位较低的位置，看起来也像下沉了一样。

铅笔会浮在水面上。
餐叉会沉到水底。
而柠檬则漂浮在水位较低的地方。

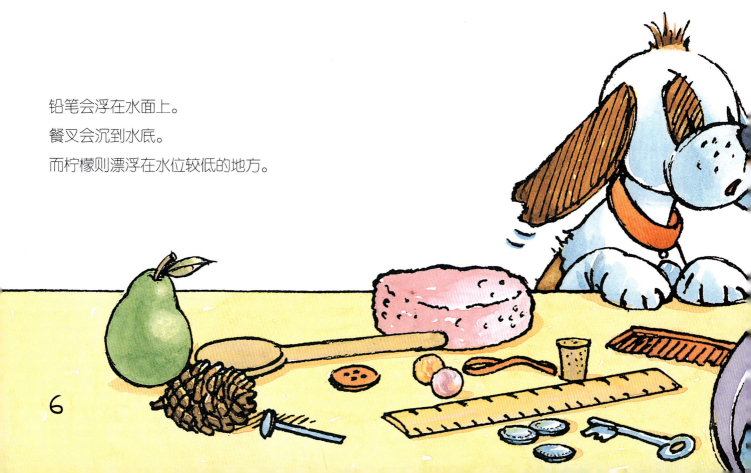

各就各位，预备——入水！

找一个大碗灌满水，用收集到的一些小物件来测试一下吧！尽量收集各种不同形状和不同尺寸的物品——重一点的、轻一点的、不同材质的。在把这些物体依次投入水中之前，猜一下哪些物体会上浮，哪些物体会下沉呢？

你猜对了吗？

入水！

扑通！

漂浮在水面上的物体是大还是小呢?

如果一个物体足够轻的话,它是可以漂浮在水面上的。物体会上浮还是下沉与它的大小无关哦。

它会上浮……还是下沉?

漂浮物与下沉物

高尔夫球和乒乓球的形状、大小差不多。如果你把它们同时投入水中,有一个会浮在水面上,而另一个则会沉入水底。

高尔夫球虽然很小,但是它比较重——所以它会下沉。

乒乓球虽然也很小,但是它比较轻——所以它会上浮。

虽然足球比较大,但它却能漂浮在水面上!

为什么充满气的足球能浮在水面上呢?

虽然足球比高尔夫球大很多,但是足球的平均密度却比高尔夫球小,所以就能漂浮在水面上啦。

我可以漂浮在水面上吗?

你体内的气体可以帮助你浮在水面上。人体内的气体会使我们变得更轻。

所以,当物体内部充满气体时,就可以漂浮在水面上啦!

吸气

我们人类用肺部来进行呼吸。当你吸气的时候,肺部就会充满空气。而这些气体则充当了"救生圈"的角色,所以我们才能够漂浮在水面上。

肺部

亲自感受一下

首先取两个救生圈,给其中一个充满气,另一个不充气。

然后把两个救生圈同时按入水中。

你会发现,充满气的那个救生圈真的很难被按到水下。

为什么物体会漂浮在水面上呢?

当物体掉入水中时,在同一时间水会把这个物体往上推,而这个往上推的力量就叫作上推力。

能够漂浮在水面上的物体,是很难将它按到水下的。

因为上推力又把它推回到水面上啦!

如果一个物体的密度小于水的密度,那么上推力就能把它推到水面上去——这样它就能浮上水面了。

小实验

木块可以漂浮在水面上,如果你在木块上陆续放一些硬币,它就会下沉到水底哦。但是,当你把硬币一枚一枚慢慢从木块上拿走,木块自己又会浮起来啦。在这个过程中,木块自身是不会移动的,是水的上推力把木块推回到了水面上。你明白了吗?

为什么石头会沉到水底呢？

石头会沉入水底是因为它的密度大。其实上推力一直都想把石头推回到水面上，可是石头自身太重啦！

上推力不够大，所以不足以将石头推回到水面上去。

为什么浴缸中的水会溢出来呢？

如果你往浴缸中加入了过多的水，那么当你坐进浴缸的时候，水就会溢出来啦！

亲自来看看

先往浴缸中加一半的水。
然后用蜡笔记录一下水的位置。
现在你可以进到浴缸里啦。
再看看原来的水位发生了怎样的变化？

当你进到浴缸里的时候，占据了一部分水的空间，实际上是你的身体把浴缸中的水挤出来啦！

所以当你进入浴缸的时候，水位自然就上升啦。

当你把物体放在水里的时候，物体本身也会对水产生推力，然后把水推出去。

所以放入物体后的水面是不会和原来水面处在同一条水位线上的，这就是水位上升的原因啦。

冰山会上浮还是下沉呢?

冰山就是漂浮在海上的像山一样的大型冰体。

我们看到的冰山其实只是冰山的顶部——它的大部分都是沉在海里的。

来看看冰山是怎样浮在水面上的

往水杯里倒入半杯水,然后放入一小块冰块。

观察一下沉在水平面以下的冰块有多大。

这就是巨大的冰山看起来像是漂浮在海上的原因啦。

噗！

如果物体的密度比水小，那么它就会漂浮在水面上。冰也可以漂浮在水面上，但是只有很小一部分会露出水面——因为大部分冰体通常漂浮在水面以下的位置。这就是为什么冰山的大部分都隐藏在水下。

石头会沉底,为什么船却能漂浮在水面上呢?

由钢材造出来的船只非常重,但是它的形状却可以帮助它漂浮在水面上。

船舱空间看起来空空如也,但实际上里面是充满了空气的。

船舱内的空气让船只变得更轻,所以船就能浮在水面上啦。

为什么这样行得通?

首先在一个大盆中倒满水,然后找来一些金属做的物件,比如钥匙、硬币、叉子、勺子等。

接着将这些物品投入水中,它们会马上沉到水底。

但是,如果你把一个大烹饪锅放入水中,烹饪锅却会浮在水面上。

烹饪锅比那些小物件都重得多——为什么它却能浮在水面上呢?

(是因为锅的底面面积大,浮力大于锅的重力,所以锅才能够浮在水面上哦。)

物体的形状很重要吗?

船自身的形状决定了它在水中需要占据非常大的空间,而且在前进的过程中会推开大量的水。

推开这么多水是为了产生更大的浮力。
水的浮力足够大的情况下,船才能漂浮在水面上。

你能让它浮起来吗?

你需要准备:一碗水
两块捏成球形的橡皮泥
一把钥匙

1. 首先将一块球形橡皮泥捏成一条船的形状,将它轻轻放入水中。
2. 然后将另外一块球形橡皮泥放入水中。
3. 接着你就会发现,球形橡皮泥沉入水底了,另一块船形橡皮泥却浮在水面上,这是为什么呢?

船形橡皮泥漂浮在水面上是因为它的底面积更大,因此它在水中产生的浮力就比球形橡皮泥产生的浮力更大。

现在轻轻地把钥匙放在你的小船上,看看这把钥匙能不能浮起来?

哇,它浮起来啦!

为什么船会沉底呢?

船只装载的东西越多,重量就越重,船体没入水中的部分就会越多。
如果船只装载的物品重量超过自身的重量,船体没入水中的比例就会过大,那么水就很有可能会进到船体里,船只就会沉到水底了。

这艘船超载啦,船体有很大一部分都没入了水中。当水灌进船身的时候,船体就会变得越来越重,最终就会造成船只沉没。

船身侧面有一个特殊的标记,是用来判定这艘船的下沉深度,这个标记叫作吃水线。

放入多少石块,船会沉没呢?

你需要准备:一个小塑料盒
　　　　　　(这就是你的小船啦)
　　　　　　一支蜡笔
　　　　　　一些小石块

1. 首先把我们的"小船"放到水里,然后用蜡笔在船身侧面标记一下现在的水位位置。
2. 接着将一些小石块放入小船中。
3. 然后再标记一下当前的水位。
4. 最后慢慢地往小船里加石块,船的水位就会变得越来越低啦。

需要放入多少个小石块小船才会沉没呢?

噢,我们的船快要沉没了!

什么物体既能上浮又能下沉呢?

潜水艇可以上浮也可以下沉。
它是一种既可以在水面也可以在水下前进的舰艇。
但是当它在水下前进的时候,必须要注意防水,不能让水进到潜水艇内部。

潜水艇内会准备足够的氧气瓶,为了防备出现船员在艇内缺氧的紧急情况。

有一些潜水艇可以在水下连续航行好几个月呢!

潜水艇的工作原理是什么？

潜水艇通过改变自身的重量，让自己在水中自由地上浮和下沉。

现在把一个气球灌满水，另一个气球吹满气。你能感觉到这两个气球有什么不一样吗？

压载舱

这是潜水艇内部比较特殊的舱室。当给这些舱室灌满水时，潜水艇的重量就会增加；如果排空水，往里面充满空气时，潜水艇的重量就会减轻啦！

哇，这个气球很轻，因为里面全是气体！

噢，这个气球很重，因为里面装满了水！

下沉

如果舱室中灌满了水,潜水艇就会因为太重而浮不起来,然后潜水艇就可以沉到水面下前进啦!

上浮

当往舱室里注入空气时,空气就会把舱内的水挤压出来。舱室内的空气会让潜水艇的重量减轻,这样它就能再次上浮回到水面啦!

让潜水艇浮起来吧!

你需要准备:一个空塑料瓶
　　　　　一根塑料吸管

1. 首先往瓶中注满水。
2. 然后将吸管的一端放入瓶中。
3. 接下来把瓶子轻轻地放进一个装满水的大容器中。
4. 最后慢慢向吸管中吹气,你会发现瓶子升起来啦!这就是潜水艇的工作原理。

词语解释

压载舱：可以帮助潜水艇上浮或下沉的特殊舱室。

漂浮：物体在液体表面停留或移动的状态。

空心：物体的内部是空的。

冰山：漂浮在海上的庞大山体状冰体。

肺：人体的呼吸器官。当人吸气时，肺部就会充满空气。

溢出：液体从容器顶部流淌出来。

超载：指装载量超过核定的最大容许限度。

吃水线：船身侧面的标志线，用来显示船只载货后的水位，用来判断船只是否超载。

下沉：物体沉降到水面以下的状态。

潜水艇：既能在水上又能在水下行进的舰艇。

上推力：掉入水里的物体受到水将其往外推的力量。

水位：水面的高度。

版权登记号：01-2017-3917

图书在版编目（CIP）数据

告诉我为什么船能浮在水面上？/［英］雪莉·威利斯著；吕莹译 .—北京：现代出版社，2018.2
（藏在身边的科学）
ISBN 978-7-5143-6392-0

Ⅰ.①告… Ⅱ.①雪… ②吕… Ⅲ.①浮力—儿童读物 Ⅳ.① O351.1-49

中国版本图书馆 CIP 数据核字（2017）第 303370 号

© The Salariya Book Company Limited, 2017
The simplified Chinese translation rights arranged through Rightol Media
（本书中文简体版权经由锐拓传媒取得Email: copyright@rightol.com）

藏在身边的科学：告诉我为什么船能浮在水面上？

作　者	［英］雪莉·威利斯	网　址	www.1980xd.com
绘　者	［英］雪莉·威利斯	电子邮箱	xiandai@vip.sina.com
译　者	吕　莹	印　刷	北京瑞禾彩色印刷有限公司
责任编辑	王　倩	开　本	889mm×1194mm 1/20
出版发行	现代出版社	印　张	1.75
通讯地址	北京市安定门外安华里504号	版　次	2018年2月第1版 2018年2月第1次印刷
邮政编码	100011	书　号	ISBN 978-7-5143-6392-0
电　话	010-64267325 64245264（传真）	定　价	20.00元

版权所有，翻印必究；未经许可，不得转载